亲亲科学图书馆

MW01705762

# 花园

〔法〕史黛芬妮·勒迪/著
〔法〕阿芒蒂娜·拉普兰/绘
张苗/译

上海文化出版社

花园是大自然里属于自己的一个小角落……
我们可以在花园里种些什么呢？

先去园艺用品店看一看！
树苗、小灌木、花草、种子……
我们都可以在这里买到。

这些小袋子里装着花的鳞茎。

我们需要的工具
在这里都能买到。

开工啦！园丁会根据季节的变换打理花园。
秋天，他们会用耙子把落叶清理干净，
再将一些花的鳞茎埋入土中……
这些鳞茎会在土里一直沉睡到
明年春天。

好冷啊！冬天来了，一定要对那些脆弱怕冷的植物做好充分的保护，还要对一些树木进行修剪。

春天到啦！看，这些是最先绽放的花朵。
而园丁们现在种的花苗要等到夏天才会盛开。
他们还要定期地拔掉杂草，修剪草坪。

夏天终于到了，花园里五颜六色，非常漂亮！
但要注意，夏天的气温很高，植物们很容易渴，
要记得在晚上的时候给它们浇水。

看一看，那边是什么呢？
原来是菜园，里面种着各种水果和蔬菜。
采摘一些拿去烹饪，真是新鲜又美味！

你知道多汁又好看的西红柿
其实是植物的果实吗？
你知道我们食用的洋蓟
其实是未开放时的花蕾吗？

在花园里，还生活着一群小虫子。
蜗牛、鼻涕虫、毛毛虫和蚜虫都喜欢啃食植物。

还有一些小动物，也是园丁的好朋友：
蚯蚓能翻土，瓢虫会吃蚜虫，刺猬爱吃鼻涕虫……

在城市，我们也能看到花园！
有些居民会拥有一小块土地，
进而开垦出自己的花园，这就是家庭花园。

还有其他形式的花园，比如：
屋顶花园、阳台花园，甚至入户花园。

散步，玩耍，在长椅上看书，在草地上小憩……
如果你想远离噪音和喧嚣，就去城市公共花园吧！

城市公共花园也叫公园，是一个大型花园，
给小朋友们提供了许多娱乐项目。

在植物园，
我们能看到这些有趣的方形花圃。
从最常见的植物到最罕见的植物，
这里应有尽有。

温室里温暖又潮湿，
许多异国植物在这里受到“热情的款待”。

在世界各地，
我们能看到各式各样奇妙的花园……

法式花园往往会勾画出一个个复杂的图案。

其中，法国国王路易十四下令设计的凡尔赛花园就是法式花园的典范。

日式花园仿佛一幅幅展开的画卷。
灯笼，色彩缤纷的树木，水池和在水中游来游去的锦鲤……相映成趣。

在许多日本寺庙的周围，
我们能看到一种小型的花园，叫做枯山水庭院。
它由细沙、岩石和青苔组合而成。
僧人会用耙子在沙子上划出纹理，象征着水的流动！

荷兰的库肯霍夫公园是世界上最大的花园，
每年会种植七百多万株球茎类花卉。

只有在春天花朵绽放的时候，这座花园才会对外开放。

今天，艺术家们会以花和植物为材料进行花艺雕塑的创作，
装点出更加别具一格的花园。
这真是太有趣了！你要不要跟他们一起创作呢？

## 图书在版编目（CIP）数据

花园 / （法）史黛芬妮·勒迪著 ；（法）阿芒蒂娜·拉普兰绘 ；张苗译.
-- 上海 ：上海文化出版社，2018.8
（亲亲科学图书馆）
ISBN 978-7-5535-1364-5

Ⅰ. ①花… Ⅱ. ①史… ②阿… ③张… Ⅲ. ①花园－儿童读物 Ⅳ. ①TU986-49

中国版本图书馆CIP数据核字(2018)第179605号





出 版 人：姜逸青
出　　品：阿卡狄亚童书馆
责任编辑：王茗斐　高亮节
特约编辑：陈舒婷
封面设计：阿卡狄亚·王晶

书　　名：亲亲科学图书馆：花园
作　　者：［法］史黛芬妮·勒迪/著　［法］阿芒蒂娜·拉普兰/绘
译　　者：张苗
审　　校：张蕾
出　　版：上海世纪出版集团　上海文化出版社
地　　址：上海市绍兴路7号　200020
发　　行：上海文艺出版社发行中心
　　　　　上海市绍兴路50号　200020　www.ewen.co
印　　刷：小森印刷（北京）有限公司　010-80215076
开　　本：787毫米×1194毫米　1/24
印　　张：1.25
印　　次：2018年9月第1版　2019年12月第3次印刷
国际书号：ISBN 978-7-5535-1364-5
定　　价：12.00元
如发现印装质量问题影响阅读，请与阿卡狄亚童书馆联系调换。读者热线：010-87951023